U0243153

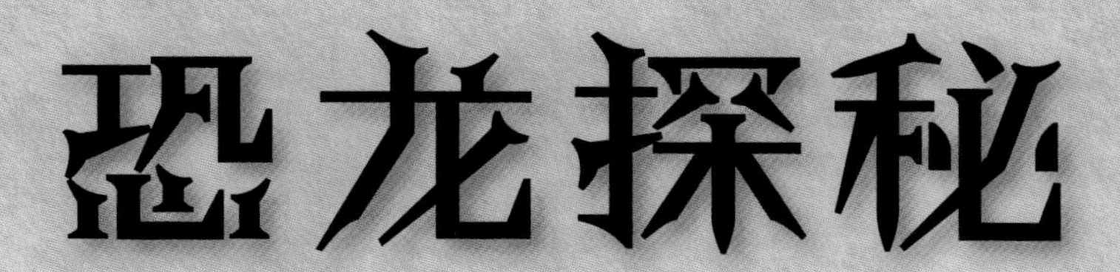

恐龙探秘

[比利时]克洛德·博格尔　编著
[阿根廷]古斯·雷加拉多　绘图
[中　国]春　晓　翻译

青岛出版社
QINGDAO PUBLISHING HOUSE

图书在版编目（CIP）数据

恐龙探秘 / (比利时) 克洛德 · 博格尔编著 ; (阿根廷) 古斯 · 雷加拉多绘 ; (中国) 春晓译.
— 青岛 : 青岛出版社 , 2019.8 (图解百科)
ISBN 978-7-5552-7436-0

Ⅰ. ①恐… Ⅱ. ①克… ②古… ③春… Ⅲ. ①恐龙 – 儿童读物 Ⅳ. ① Q915.864-49

中国版本图书馆 CIP 数据核字 (2019) 第 036413 号

本书中文简体版专有出版权经由中华版权代理总公司授予青岛出版社
山东省版权局著作权合同登记号：图字 15-2017-368 号

书　　名　恐龙探秘
编　　著　[比利时] 克洛德 · 博格尔
编　　绘　[阿根廷] 古斯 · 雷加拉多
翻　　译　[中　国] 春　晓
出版发行　青岛出版社（青岛市海尔路 182 号，266061）
本社网址　http://www.qdpub.com
责任编辑　张　晓
特约编辑　王春霖
制　　版　青岛艺鑫制版印刷有限公司
印　　刷　深圳市国际彩印有限公司
出版日期　2019 年 8 月第 1 版　2019 年 8 月第 1 次印刷
开　　本　16 开（889mm × 1194mm）
印　　张　4
字　　数　80 千
印　　数　1—4000
书　　号　ISBN 978-7-5552-7436-0
定　　价　48.00 元
编校印装质量、盗版监督服务电话　4006532017　0532-68068638

目录

Contents

恐龙存在以前

恐龙时代

恐龙的生活

恐龙大家族

恐龙时代的结束

我们怎样了解恐龙？

名词解释及索引表

很久很久以前

告诉你一个数字：恐龙曾经在地球上生活了约1.6亿年！时间够长吧？但是，和地球的年龄（约46亿年）相比，恐龙的生存时间就显得很短了。

地球形成于大约46亿年前。46亿这个数字是什么概念？相当于30个容量为10升的桶里所装的细沙粒的数量。不信？你可以去数数！

大约35亿年前，海洋中形成了第一种生命——细菌*，随后出现的是单细胞藻类。

生命起源于海洋！

大约6亿年前，出现了类似蠕虫或水母的软体动物。

大约5.3亿年前，“寒武纪生命大爆炸”时期来到。在这个时期，大量生物物种突然出现了，比如海绵、三叶虫*，还有硬壳动物等。

大约5亿年前，早期的无颌鱼出现了。

第一只恐龙！

大约2.26亿年前，第一只恐龙—— 一只小型的肉食性恐龙诞生了。它用后肢行走，动作敏捷，通过孵蛋来繁殖。当时，它的体形并不是很高大，但它的后代逐渐征服了全世界。

大约3.6亿年前，早期的爬行动物开始产出带壳的蛋。从此，它们开始能够在干燥的地方进行生产。

直到大约4.25亿年前，还是只有在海洋中才有生命存在。后来，最早期的植物开始在陆地上生长，这为海洋中的动物来到陆地生活做好了准备。

大约3.8亿年前，陆栖脊椎动物*出现了。有些鱼长有坚硬的鳍，因此能不时地离开水域，来到陆地上。后来，它们的鳍演变成了四肢。

恐龙是什么？

美颌龙

恐龙是生活在很久很久以前（中生代时期）的一类爬行动物的统称。到目前为止，一共有800~1000种恐龙存活过。恐龙的大小、食性各不相同：有的恐龙和一只鸡差不多大，而有的恐龙和20头大象的重量差不多；有的是肉食性动物*，有的是温和的草食性动物。

腕龙

恐龙的皮肤

即使离开水，恐龙也能保持身体的湿润，这要归功于恐龙皮肤表面覆盖着的鳞片。

亚冠龙

坑坑洼洼的头颅

恐龙的两个眼窝后面有两个洞，看起来就像两扇窗户。这种洞可以使恐龙的头颅变轻，这对它们来说是个优势。

恐龙的体形

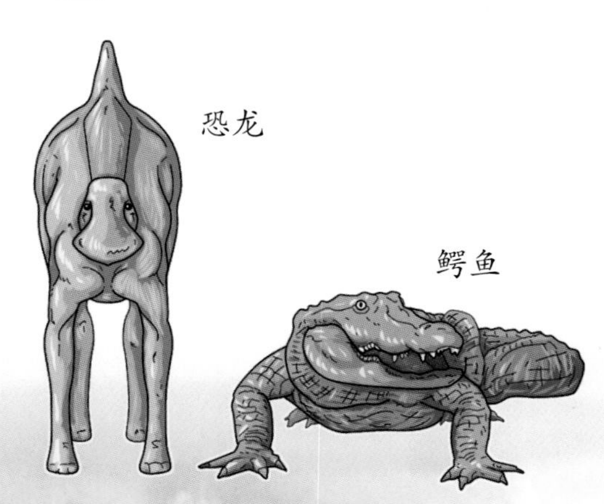

恐龙的腿在身体的下方，而不是在两边，因为这能让它们轻松地支撑身体，并且便捷地前后移动，这样，它们行动起来就方便了。如果你不相信，就试着比一比将手臂撑在身体两侧和下面做俯卧撑哪一个更省力吧！试完了就可以明白上述原理啦！

恐 龙 蛋

恐龙可以在远离水域的地方产蛋，它们产的蛋外层有一层密闭的保护壳。

恐龙的颜色

人们曾经发现过几块留有恐龙皮肤印痕的化石，但从中没有发现任何关于恐龙颜色的信息。是紫色、棕色还是其他什么颜色呢？一般来说，人们常用现在存活的爬行动物的颜色来描述恐龙。

认准了，这些不是恐龙！

有的时候，人们会把史前的某些动物误认为是恐龙。因为它们和恐龙一样，是爬行动物，并且曾经生活在同一个时代里。但是要注意了，恐龙可不希望这样被误会！

水龙兽

雷塞兽

哺乳类爬行动物

在有恐龙之前，这些爬行动物就已经存在了。长期以来，它们都统治着地球——这种状况一直持续到三叠纪时期。后来，它们渐渐消失了，但它们的后代——哺乳类爬行动物开始出现。它们有的像野猪一样，是草食性动物——为了寻找植物根茎或小型植物，会挖地刨土；有的像狗一样，是肉食性动物。

请记住：恐龙只在陆地上生活，没有会飞或者会游泳的恐龙。在天空中和水里活动的是其他动物，不是恐龙。

在天上

翼龙是一种会飞的脊椎动物。它们的翅膀在肋部和前爪第四个趾之间，由一张紧绷的皮膜构成。翼龙喜欢吃昆虫，也喜欢在水面上捕鱼。目前发现的最大的翼龙化石是风神翼龙，它双翅展开长达12米，和一节火车车厢的长度差不多。

海中霸王

在那个年代，恐龙统治着陆地而鱼龙和蛇颈龙统治着海洋。鱼龙擅长游泳，身形和海豚相似。蛇颈龙和薄片龙一样，都有船桨一般的鳍肢、长长的脖子和满嘴都是锋利牙齿的小脑袋。

恐龙队伍集合！

1

最古老的恐龙距离我们已经有2.28亿多年了。我们给它们取名为“晓掠龙”（又叫“始盗龙”），意思是“从月亮谷来的破晓掠夺者”。它们体形较小（长约1米），用后肢行走，有时候吃草，有时候吃肉。

蜥臀目
（与蜥蜴骨盆类似）

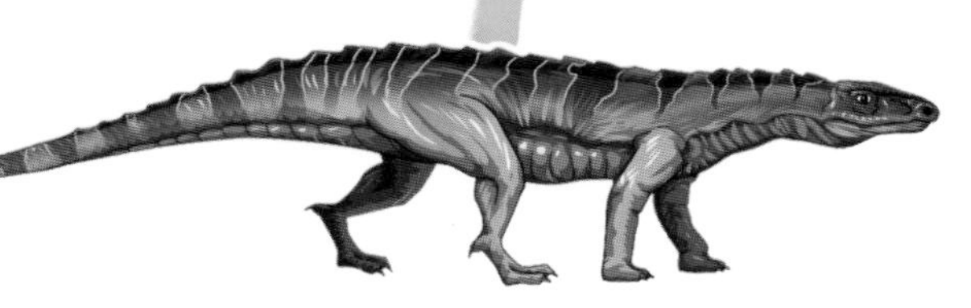

初龙类
（恐龙、翼龙和鳄类的祖先）

2

从晓掠龙开始，恐龙的种类开始迅速变多。最早的两大类恐龙是“蜥臀目”和“鸟臀目”。

鸟臀目
（与鸟骨盆类似）

恐龙统治世界

恐龙统治世界的3个时期分别是三叠纪、侏罗纪和白垩纪。地质学家*们根据发现的相应时期的岩石特征命名地球历史上的这3个时期。三叠纪是指当时的土壤看起来像三色蛋糕；侏罗纪被如此命名，是因为人们是根据法国侏罗山的地层结构对这个时期进行描述的；白垩纪的名字则源于该时期大部分岩石的主要组成物——白垩。

移动的陆地

在那个时代，陆地漂浮在熔化的岩浆上，并且非常缓慢地移动。陆地在移动的时候，有的分裂，有的合并，有的互相碰撞，有的一块嵌入另一块……这些活动造就了山脉、低谷，改变了海洋的形状和地球的气候。

兽脚亚目
（肉食性）

3

蜥臀目恐龙在演变过程中，不仅进化出凶猛的肉食性恐龙（如兽脚亚目），还进化出身躯高大的草食性恐龙（如蜥脚亚目恐龙，也叫“长脖子”恐龙）。所有的“鸟臀目”恐龙只以草为食，大多数用四足行走。

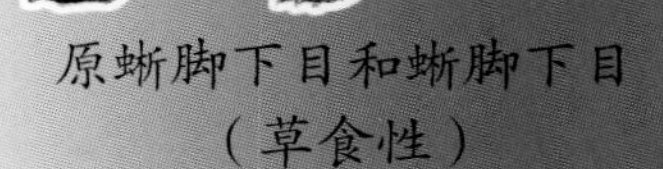

原蜥脚下目和蜥脚下目
（草食性）

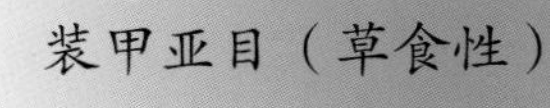

装甲亚目（草食性）

4

在恐龙统治世界的年代，地球发生了巨大的变化。陆地板块的漂移使得地球的气候和植被发生巨大变化。不过，恐龙们顺利地适应了新变化，也会有新物种替代消失的物种。

肿头龙亚目
（草食性）

南极洲的恐龙

恐龙征服了地球上的大部分土地。人们曾在地球从赤道到两极的多个地区发现过恐龙的足迹。当时的南极洲还和其他陆地连在一起，而且气候是温暖湿润的，不是一个冰冷的不毛之地。

三叠纪时期的地球

丝路沙丰蒂兽

在三叠纪时期，海边生长着许多茂密的植物，如银杏*、铁树*、木贼*和高大的蕨类植物等。南北回归线附近地区的气候是干燥寒冷的，生长的植被主要是松树和杉树。在泛大陆*的中心地带，却是几乎没有植被的荒漠。

三叠纪初期，哺乳类爬行动物主要是群居型草食性动物和大型肉食性动物。这个时期，恐龙的竞争对手可不少。

最初的两足动物*——小恐龙吃的是青蛙、蜥蜴，或者小型哺乳动物（比如老鼠）等。

三叠纪末期，开始出现早期的大型恐龙，身长达8米的板龙就是其中之一。板龙主要吃树叶和蕨类植物，有时也吃带刺的植物。

板龙

与哺乳动物同在

哺乳动物的祖先们和恐龙生活在同一个时代，外形像狗的犬齿兽就是其中之一。恐龙在当时占据着统治地位，因此，只有一些外形像老鼠或鼬鼱的在洞穴里生活的小动物才能保住性命，因为它们在晚上才出来活动。

犬齿兽

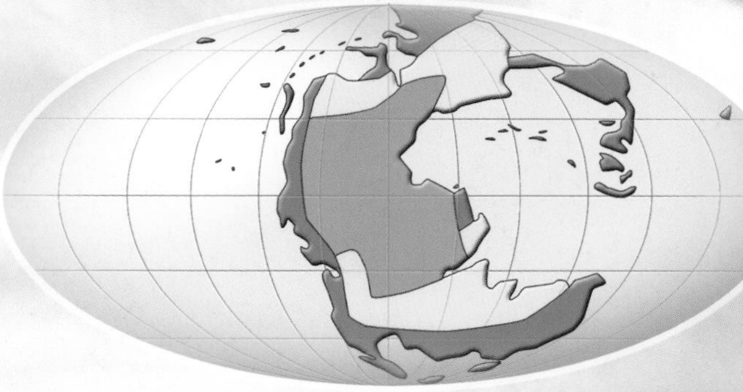

蓝色——荒漠地带

绿色——半荒漠地带

黄色——热带雨林

三叠纪时期，几乎所有的陆地都是相连的，形成一片超级陆地，被叫作“泛大陆”。

弓鲛

沙尼龙

海里有什么?

恐龙虽然在陆地上横行霸道，但从来没有把势力范围延伸到海里，也许是因为海里的爬行动物不允许它们进入吧！除了恐龙，当时已经有了以菊石*（一种头足纲软体动物）为食物的小型鲨鱼。

侏罗纪时期

在侏罗纪时期，唯一的一块陆地泛大陆分成了两块——地球南端的冈瓦纳古陆（又叫“南方大陆”）和北端的劳亚古陆（又叫“北方大陆”）。炎热、潮湿的气候培育出了以针叶树*为主的茂密森林，而这些森林正是庞大的草食性恐龙所喜爱的食物来源。

有着长脖子的草食性蜥脚亚目恐龙是一种体形庞大的动物。这类恐龙当中有些从头到尾的长度能达到35米，体重可达80吨！

侏罗纪时期还有一种典型的恐龙是剑龙。剑龙最显著的特征是背上长有形状怪异的骨板。雄剑龙在想吓跑敌人或吸引异性的时候，通常会把脊上的骨板变成红色。

杀手异特龙

异特龙身长可达12米，嘴里有50多颗向内弯曲且边缘呈锯齿状的牙齿，就像一把把锋利的刀，爪子有15厘米长。这种“小”恐龙会攻击体长达到几十米的草食性恐龙。有时，它们也会成群捕猎——这不是跟狼很像吗？

空中霸主——翼龙

翼龙是恐龙的近亲，但不是恐龙。它们是最早的会飞的脊椎动物。它们的翅膀是一块紧绷的膜，在闭合时只有一点点，但是展开时却是一大片！它们的下颌上长着尖利的牙齿，这让它们能够随心所欲地捕食。

鸟类面世！

在侏罗纪晚期，始祖鸟的身体上已经覆盖了一层羽毛，并且能够飞行——这是地球上最早出现的鸟。

白垩纪时期

在白垩纪时期，地球上陆地的位置就已经和现在几乎一样了。这说明，那时的地球已经分离出不同的陆地，拥有不同的气候条件。因为生活环境不一样，恐龙也变得多种多样。不同的陆地上生活着不同种类的恐龙，比如：著名的雷克斯暴龙就只在北美洲捕猎食物，在其他大陆，你只能找到其远亲。

体形巨大的草食性恐龙逐渐灭绝了，取代它们的恐龙，要么拥有长角和颈盾（如三角龙），要么身披重甲，要么嘴巴与鸭嘴相似（如冠龙），而且体形也变小了。

花繁叶茂的世界

侏罗纪时期的草食性恐龙的体形和食量都很大，所以当时地球上的植被被破坏得很严重。针叶树和蕨类植物的生长速度无法满足大型草食性恐龙的胃口。不过，后来出现了新的植物种类，比如一些多叶树和开花的植物。

互帮互助

开花的植物为昆虫提供了花粉*作为食物，反过来，昆虫帮助花朵进行授粉。在白垩纪时期，就已经有蜜蜂和黄蜂了，地球的大部分地区有它们的身影。

后来……

直到6500万年前，恐龙一直过着“舒适”的生活。可是，它们突然间全部消失了。在之后的地层中，人们再也找不到任何恐龙的化石。这到底是因为什么呢?

草食性恐龙

很长一段时间，草食性动物的数量要比其他食性动物的数量多。不过，即便以植物为食也并不容易。虽然植物不会跑，也不需要进行捕捉，但材质坚硬，富含纤维，很难被折断，吃进肚子里也不容易被消化。要克服这些困难，草食性恐龙就得演化出不同的特征来适应环境。

嘴部与鹦鹉嘴巴相似。

鹦鹉嘴龙

鸟嘴、锯齿、锉刀……

许多恐龙长着和鹦鹉相似的嘴巴，便于它们切断坚硬的植物。而大型蜥脚类恐龙的牙齿，有的像铲子一样是扁平的，有的像钉子一样是长条形的。这些牙齿长在下颌部的前方，像锯齿一样，能帮助它们把树叶扯咬下来，然后不加咀嚼就直接吞下去。

嘴巴扁平，与琵鹭相似。

萨尔塔龙

埃德蒙顿龙

与鸭子嘴部相似。

有的恐龙嘴部与鸭子相似，一般有上百颗细的牙齿，顺序排列在口腔后部，能在咀嚼时把食物切成碎片。

大胃王！

有些体形很大的食草性恐龙要想吃饱，需要进食许多植物——腕龙每天需要进食3吨食物，相当于30个大稻草包的重量！

胃里怎么会有石头？

人们曾经在一些恐龙的骨骼化石中发现了被称为“胃石”的小石头。据推测，这些石头是恐龙们特意吞食下去的。被吞食的小石头能帮它们碾碎胃里的植物，以便更好地进行消化。

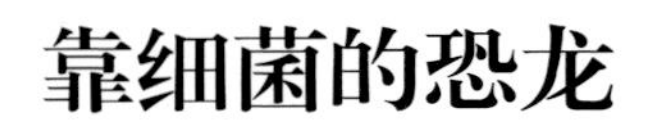

靠细菌的恐龙

食草性恐龙的消化道中生存着上百万个细菌，它们为恐龙提供了很大的帮助——消化那些坚硬的植物。如今，大部分草食性动物（比如牛）仍保留着这种消化机制。

吃东西，最费什么？

答案当然是：牙齿！神奇的是，一旦掉了牙，恐龙能在很短的时间内长出新牙。如果小老鼠也拥有这种长牙速度，那它们一定会不停地磨牙。还好不是！

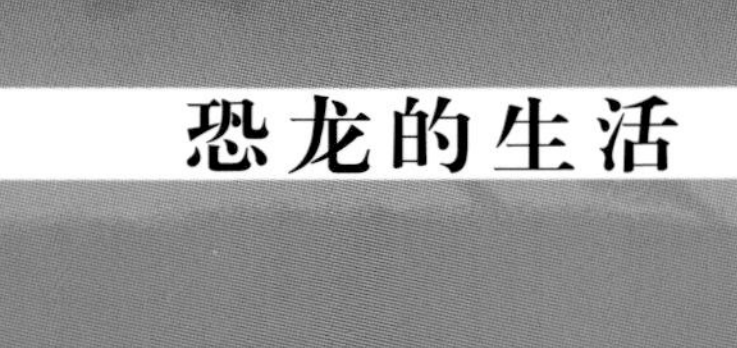

肉食性恐龙

肉食性恐龙能够把嘴张得很大，可以露出几十颗尖牙（不信你可以试试能不能达到这个程度）。这些牙齿像刀一样锋利，而且长着很多小锯齿。不同种类和年龄的恐龙牙齿的大小也不一样。恐龙最长牙齿纪录的保持者是暴龙——长达30厘米！

暴龙

肉食性恐龙的下颌有力，脖子部位肌肉十分强健。一旦捕获猎物，它们就会用头猛撞猎物的身体，并残忍地撕咬猎物的肉。

猎 物

肉食性恐龙最爱的“美味佳肴”是它们的同胞兄弟——草食性恐龙。人们曾经在埃德蒙顿龙的残骸上发现雷克斯暴龙的咬痕，在腱龙的骸骨上发现了恐爪龙的抓痕，还发现了许多因为发生激烈搏斗而留下的其他痕迹。虽然肉食性恐龙最喜欢捕食体形较大的草食性恐龙，但有时也会捕食体形较小的猎物，如翼龙和一些小型哺乳动物，甚至连有的小昆虫也不放过。

窃 蛋 龙

人们曾经在一窝恐龙蛋的旁边发现过一只窃蛋龙的化石，于是推断它的主要食物是蛋。窃蛋龙体长约为1.5米，没有牙齿，但它的嘴像鸟一样，能够啄开恐龙蛋壳。看它的名字就知道它喜欢干什么了！

喜欢吃鱼的恐龙

棘龙的名字来源于背上那片像帆一样突起的长棘。棘龙和重爪龙都是以鱼类为食的恐龙，它们可以将和鳄鱼相似的长嘴扎进水里捕食，同时靠离眼睛很近的鼻孔呼吸。

互相残食？

人们曾经在腔骨龙化石的腹部发现过小腔骨龙的残骸。因此，人们推断：腔骨龙可能攻击过自己的同类。但确定这是一只小恐龙吗？目前，古生物学家*们认为，被吃掉的更有可能是蜥蜴。但是，人们也在小玛君龙——一种曾生活在非洲马达加斯加地区的肉食性恐龙的骸骨上发现了成年玛君龙的咬痕。

恐龙宝宝

一直以来，人们以为恐龙产下蛋之后就不再管它们——和现在的鳄鱼、乌龟一样。直到后来，一个保留有好几窝恐龙蛋的产卵点被发现，其中有还没孵化的蛋，也有已经孵出的小恐龙。所以，人们推测：那些恐龙宝宝待在窝里是在等待爸爸妈妈来照顾它们。这种恐龙被称为“慈母龙”，含义是“好妈妈恐龙”。每年，慈母龙妈妈会在一个地方产下20多颗蛋。然后，这位细心的妈妈会在旁边看护恐龙宝宝，照顾并喂养它们，直到恐龙宝宝能够自理。

慈母龙

这些都是什么恐龙的蛋？

人们发现过许多形状和大小各异的恐龙蛋，但是很难确定它们到底是哪种恐龙产的。因此，人们就根据恐龙蛋的外观特征给它们取名字。

大块头恐龙蛋

世界上最大的恐龙蛋长约40厘米，是一个重达9千克的大块头，大小和篮球差不多。

让蛋暖暖的

研究发现：有些恐龙妈妈似乎会用一些植物的残片来覆盖恐龙蛋。植物在腐烂时会释放热量，这样就能让恐龙蛋保持温暖，有利于孵化。

恐龙宝宝快长大！

恐龙宝宝（哪怕是最高、最胖的）相对爸爸妈妈来说，还是显得很小，但它们的生长速度相当快：刚出生的慈母龙只有30厘米长，但是等到一岁半时，就有3米长了！

恐龙，你好！

交流对恐龙来说很重要，因为交流能帮助雄性求偶，也能帮助雌性寻找自己的宝宝。恐龙通过交流告诉同伴危险来临，也可以通知同伴水源或食物的位置。那么，恐龙是怎么进行对话的呢？

古生物学家们对恐龙化石开展了深入的研究，但没有发现它们拥有类似声带或者可以进行喊叫的器官。恐龙们是不是不会“说话”啊？但这并不代表它们是完全“无声”的。

梁龙

梁龙的鞭子

梁龙有一条长长的尾巴（长约14米），而且越往后越纤细。当它甩动尾巴时，尾巴末端的抖动速度甚至达到超音速*，从而发出鞭打声。这样做是为了吓唬肉食性动物，还是为了与其他恐龙进行交流？

有交流情感的作用吗？

有些恐龙的头上长着花朵状、圆圈形或类似肿瘤的突起的冠饰。这些部位的外表原本是被皮覆盖着的，而且这层皮通常很细滑。于是，有人猜想：这些部位会不会变色？或许，恐龙是通过冠饰来表达情绪的。

“长号”在头顶

副栉龙头上长有奇特的冠饰，让人看不明白。人们一直认为，这种管状的冠饰可以使副栉龙在水下依然能呼吸。事实并非如此：这种冠饰是一种类似长号的管道，能将空气从喉咙通向鼻孔，从而发出声响——声音能传到几千米之外。

进攻和防御

在侏罗纪和白垩纪时期，恐龙在陆地上占据统治地位，所以它们最大的敌人就是其他恐龙。肉食性恐龙动作敏捷、迅速，有着锋利的牙齿和爪子，而草食性恐龙当然也不会“束手就擒”。

优秀的猎手

要做一个好猎手，不光要能识别猎物的种类，还需要强大的视觉和嗅觉。在进攻时，动作要准确、迅速，力求“一招制敌”。可以说，肉食性恐龙比草食性动物更聪明，因为所有的肉食性恐龙都有着相对身体而言较大的脑袋——这才是它们最有力的武器！

可怕的魔爪

这是对恐爪龙的另一种称呼。恐爪龙的每只脚上都长着一个长约12厘米的趾甲，像镰刀一样。它会像鹰*一样进攻——前肢探向猎物，然后收拢爪子，把猎物撕碎。

盔 甲

三角龙颈部长着一层带骨的圆形饰物，就像盾牌一样保护着自己。甲龙科恐龙的身上都长着坚硬的骨板，有的像利刃，有的像靴刺。而肿头龙的头骨上长有20多厘米厚的圆形冠饰，如同重锤一般——这可是它们抵御肉食性动物的“武器”。

肿头龙

包头龙

力气超大的尾巴

有的装甲类恐龙可以利用自身特点进行有效的防御。包头龙尾巴的末端有一个骨质尾槌，甩动起来的力量能将雷克斯暴龙的小腿鞭折！

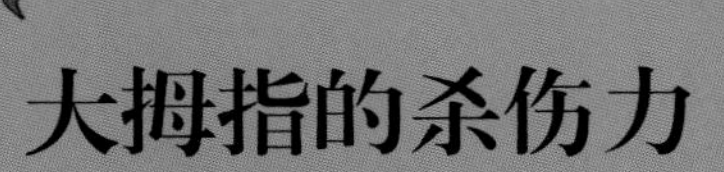

禽龙

大拇指的杀伤力

禽龙用后腿站立时，身高能达到5米。它前肢的大拇指长着大号的钉状角质尖刺。虽然它性情温顺，但在遇到威胁时，它能利用尖刺能给对手有力的一击，让其痛苦不堪。

行走、奔跑和迁徙

一直以来，人们认为恐龙是只会缓慢地行走、出行很少而且笨拙的动物。然而，从人们发现的恐龙行走轨迹化石和其他迹象来看，这种观点并不正确。

恐龙能跑多快?

想知道恐龙能跑多快吗？最直接的办法是回到恐龙时代直接测量，但是这显然行不通。不过，还好我们有恐龙脚印化石——可以通过测量恐龙两脚之间的距离来计算它们运动时的速度。通过这种方式，科学家们发现：大型蜥脚类恐龙的行走速度与人类差不多，奔跑速度可以达到每小时15千米以上。另外，暴龙的奔跑速度可以达到每小时30千米，伶盗龙的时速则超过40千米。最高时速的保持者是似鸟龙科的恐龙，如似鸡龙，全速奔跑的时速能达到80千米！

暴龙（30千米/时）

伶盗龙（40千米/时）

似鸡龙（80千米/时）

恐龙族群

同一地点发现的恐龙化石及其痕迹表明：许多草食性恐龙在活动时是成群结队的。比如慈母龙，它们的队伍通常十分庞大，有时会有好几千只恐龙同行。

小的在中间

当恐龙们出行时，成年蜥脚类恐龙会通过让小恐龙走在队伍中间的方式来保护年幼的小恐龙。

迁　徙

三角龙们每年都要迁徙到北极附近的阿拉斯加地区，并在那里度过舒适的秋季，然后向南迁徙到现在的美洲中部，并在那里过冬。通过不断的迁徙，三角龙总能生活在气候适宜、植被茂密的环境中。

禽龙家族

姓名：禽龙
生存年代：侏罗纪末期至白垩纪末期
类别：鸟臀目
食性：草食性
身长：10米

禽龙是禽龙科恐龙家族的一种。它们的体形并不一致，体长在5米到10米之间。禽龙是一种笨拙的草食性恐龙，生存于侏罗纪末期到白垩纪末期。禽龙的脚趾末端长着小蹄，这说明：它们行动的时候可以四肢着地，也可以用后肢来支撑身体进行奔跑或者跳起来吃高处的植物。

禽龙

禽 龙

关于禽龙，人们最早发现的是它的牙齿。因此，它的名字就和牙齿有关。“禽龙”在希腊语中的意思是“鬣蜥的牙齿”。人们发现过成群的禽龙骨骼，这表明它们很有可能是成群结队出行的。

古生物学家发现的化石数量最多的恐龙就是禽龙。这是因为它们生活在沼泽地带，在附近死去后，最容易形成化石。

弯龙

姓名：弯龙
生存年代：侏罗纪
类别：鸟臀目
食性：草食性
身长：1.2~7米

弯 龙

弯龙是禽龙家族的祖先。人们从生活在侏罗纪时期的身长1.2至7米的弯龙的骸骨开始了解它们。弯龙又矮又胖，有一条粗大的尾巴，这是禽龙类恐龙的典型特征。弯龙可以像袋鼠一样，用尾巴支撑身体。

高吻龙

高吻龙比欧洲禽龙块头稍微小一些，最早被发现于蒙古，鼻子上长着一块像瘤子似的组织。人们认为：这个鼻瘤形成的空腔，作用和喇叭差不多，能扩音。

豪勇龙

豪勇龙在非洲被发现，是禽龙的近亲。它的背部长有一面巨大的“帆”。这张“帆”可能是用来吸热的，能够在清晨比较冷的时候温暖豪勇龙的身体。

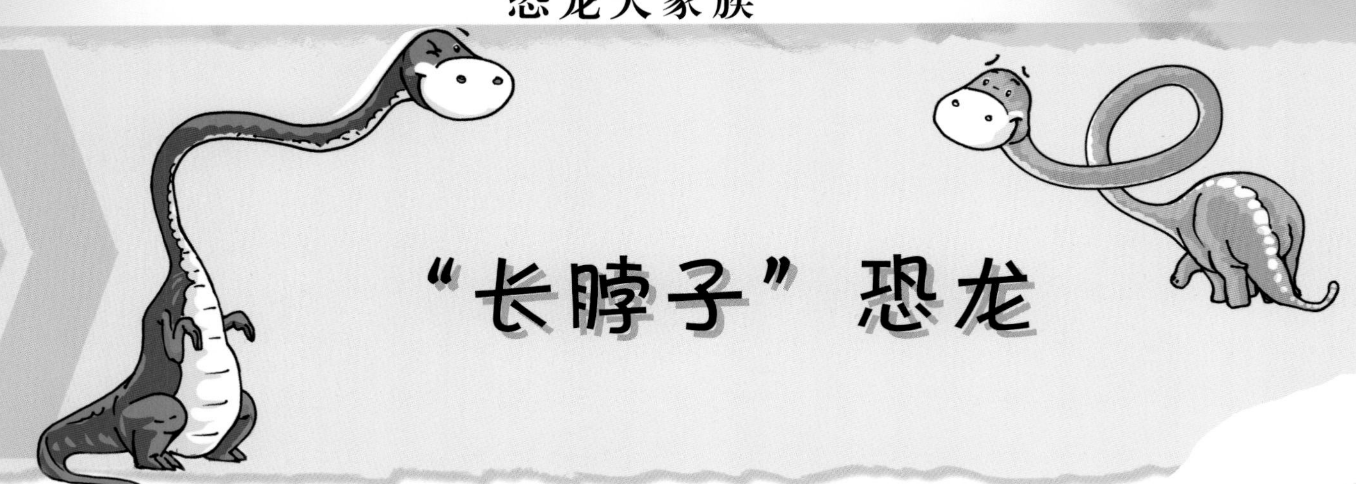

“长脖子”恐龙

蜥脚类恐龙是一类特征明显的大型恐龙：脖子、尾巴长，脑袋小，四肢像柱子一样粗。它们是在地球上生存过的体形最大的动物。只有蓝鲸的重量可以和蜥脚类恐龙相比——不过，蓝鲸生活在水里，身体的很多重量是由水来承载的。

巨无霸

蜥脚类恐龙打破了恐龙所有与体形尺寸相关的纪录，但谁是真正的冠军呢？是据估计体长可达60米的双腔龙，还是体长超过40米的超龙？我们没有办法回到过去测量它们的个头，所以只能根据它们留下的骨头来推测。

腕龙

姓名：腕龙
生存年代：侏罗纪至白垩纪末期
类别：蜥臀目
食性：草食性
身长：约23米

我们为下面这些被发现的骨骼数量够多的恐龙“颁奖”：最重恐龙奖获得者——阿根廷龙（80~100吨）；最长恐龙奖获得者——梁龙（至少长27米）；最高恐龙奖获得者——腕龙（至少高12米）。恐龙中还有一种叫作欧罗巴龙的蜥臀目恐龙，它们当中最大的体长只有6米。所以，给它颁一个蜥臀目最小恐龙奖吧！

轻飘飘的骨骼

一般来说，恐龙的个头越大，就越重。可是，大部分蜥脚亚目恐龙的骨头是中空的，所以很轻。

高低各不同

蜥脚亚目恐龙的体态差不多。但是，它们有的脖子长，有的脖子短，有的灵活，有的笨拙，有的前肢更长，有的后肢更长。科学家们推测，这些草食性恐龙的身高不一样，是为了吃到长在不同高度的植物，从而不互相干扰、抢食。

披甲恐龙

白垩纪时期的雷巴齐斯龙和葡萄园龙都比它们在侏罗纪时期的祖先个头小。但是，它们的身体表面因为进化出一层骨板或瘤状物而非常坚硬，像是“铠甲”一般。

葡萄园龙

猛禽类恐龙

猛禽类恐龙是肉食性动物，用两条后肢行走，个头偏小，每个后肢上都长着3个脚趾，其中一个像大镰刀。它们生存于白垩纪时期，主要分布在北美洲、欧洲和亚洲。它们的名称是“奔龙”，意思是“快捷的蜥蜴”。不过，因为在好多电影中，它们都以迅捷的捕猎者的形象出现，所以就被赋予“猛禽类恐龙”的名头。

驰龙

猛禽类恐龙天生就是捕猎高手，而且它们很有可能学会了集体捕猎的方法。人们在美国发现过一副巨龙的骸骨，周围还有5副恐爪龙的骸骨。这被视为它们有组织地捕杀猎物的证据。

古生物学家们指出，驰龙眼睛的形状和一些夜行动物的眼睛很像。如果这是真的，那它们即使在黑夜也可以进行捕猎——这使驰龙令人害怕的形象更有感染力。

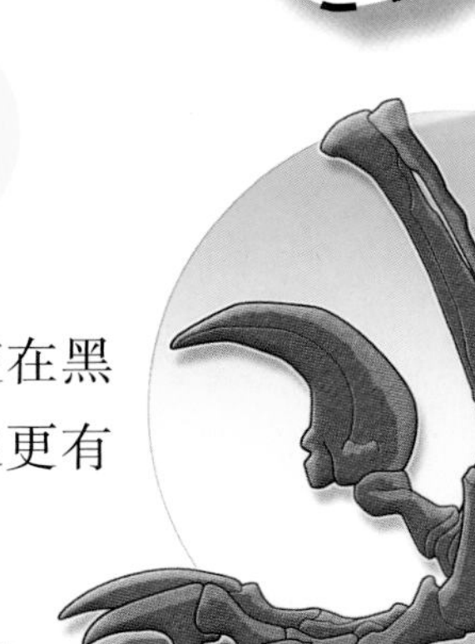

捕猎大师

猛禽类恐龙中体形最大、最凶猛的是犹他盗龙。从鼻尖到尾巴末端计算，它的体长约为7米，体重超过600千克。人们曾经发现它一个爪子的不完整化石标本——长达22厘米。这么长的爪子，捕起猎来肯定很凶猛！

犹他盗龙

长羽毛的恐龙

小盗龙身长只有90厘米左右，体重有1~2千克，但它们也很擅长捕猎。人们发现了一些能够证明它们喜欢吃什么的证据。它们主要的食物是小型哺乳动物。最令人想不到的是，它们的前肢和后肢上明显地覆盖着羽毛。科学家们猜想：当时的小盗龙可能栖息在树上，遇到猎物就俯冲下来捕食。

小盗龙

斑比盗龙

这个名字源自迪士尼作品中的小鹿斑比。斑比盗龙的化石之所以有名，是因为两点：第一，骨骼非常完整；第二，这块化石是被一个14岁的男孩发现的，并被他的伙伴取名为“斑比”。

恐龙中的霸王

雷克斯暴龙

如果说最受人喜爱的恐龙是哪种，我猜一定是雷克斯暴龙。为什么呢？因为它们的很多特征让人很震惊。特别是它们的体形，体长达12~15米，重量超过6吨；它们的头部很大，张开的大嘴令人望而生畏；它们的后腿强壮有力，如同两根柱子；它们还拥有巨大而有力的爪子——它们曾被誉为在地球生存过的最大的肉食性动物。我们如果继续研究下去，也许还会发现别的有趣的事情！

吃什么？

如此巨大的动物是怎么做到迅速地奔跑、跳动，还能敏捷地进行捕猎的呢？而且，暴龙那对小小的前肢看起来好像抓不住猎物。有些古生物学家推测：雷克斯暴龙是以一些自然死亡或者被其他肉食性动物杀死的动物尸体为食的。

不是第一名了！

暴龙曾经被誉为最大的肉食性恐龙，直到人们发现了比它们更大的、可以取代暴龙荣获冠军称号的恐龙——南方巨兽龙。它们体长约为15米，重约8吨，头颅（约1.95米长）比暴龙的更大。而且长约16米、重约9吨的棘龙也比暴龙大！

它们也会脚疼！

雷克斯暴龙和有些病人一样有痛风的毛病，那是因为它们吃肉太多了。痛风会带来关节部位的刺痛——恐龙化石上有非常明显的痕迹。

体表有绒毛

在将暴龙的某些祖先及其同胞进行比较后，古生物学家们做出一个推测：暴龙在婴幼儿时期，身体表面会覆盖一层细细的绒毛来保持体温。想象一下，这样的暴龙宝宝是不是有点像又大又胖的母鸡呢？

三角龙家族

一提起角龙，很多人第一时间想到的可能是三角龙。这类“脸上长角”的恐龙共有70多种。这种草食性恐龙是四足动物*，头颅巨大，体形和犀牛很像，生活在白垩纪时期多草的平原地带，一般成群出行，数量巨大。

三角龙

来自亚洲

鹦鹉嘴龙

最早的角龙是鹦鹉嘴龙。它们既没有角，也没有颈盾，而是长着和鹦鹉喙部相似的嘴巴——这是角龙最突出的特征。它们生存的地区相当于现在的蒙古，用两只脚行走，背上长着与豪猪一样的细刺。生存年代再晚一些的原角龙是一种长有骨质颈盾的恐龙，这也是原角龙家族的特征。原角龙源自亚洲，但它们后来经过白令海峡迁徙到了北美洲。

原角龙

外貌特征各不相同

有的角龙长着一只角，有的则长有两只或三只角；有的角长在嘴部上方，有的长在眼睛下方；有的颈盾小些，有的大些；有的颈盾是圆形的，有的是三角形的；有的颈盾边缘有突起，有的有尖刺，有的有弯钩……总之，角龙种类不同，颈盾和头饰的形状就不同，数量也不同，真是太神奇啦！

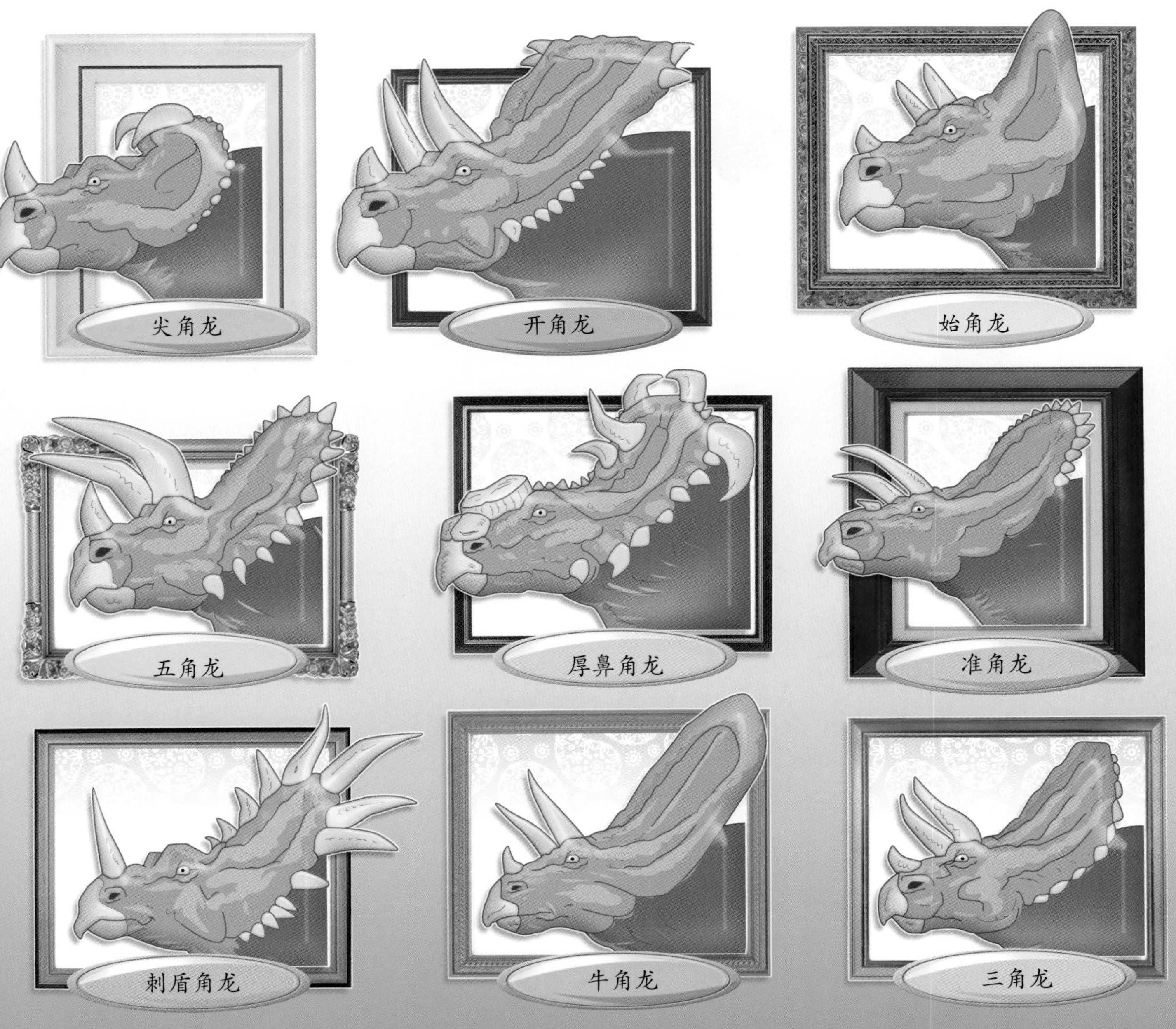

你知道角龙的尖角和颈盾有什么用吗？一种说法是用于防御敌人、自我保护，另一种说法是让竞争对手感到畏惧。这些尖角和颈盾还可以用来吸引异性：相比雌性角龙，雄性角龙身上的这些饰物更加突出、醒目。

配备“战甲”的恐龙

配备“战甲”的恐龙共有三大类：剑龙、甲龙和结节龙。

剑龙生活在侏罗纪时期。

甲龙和结节龙则生活在白垩纪时期。

剑 龙

剑龙的身躯很庞大，但头部很小。剑龙粗壮的尾巴上长着一些尖刺，是为了防御肉食性动物的攻击；背上还有两排竖立的骨板，也是剑龙的一大特征。有些剑龙属的恐龙的骨板像尖刺一样，可能也是用来防御敌人的。不过，古生物学家们认为：这些骨板更有可能是当它们在太阳光下时，用来帮助它们进行吸热或散热的，从而保持体温。

结节龙和甲龙

这两个家族的恐龙的颈部、背部和肋骨处的皮肤表层都长着一层骨板。

结节龙的脑袋很小，身体两侧各有一排长长的尖刺向外伸着。

“装甲车”来了

蜥结龙是目前已知的最大的结节龙，可重达3吨。它们体形巨大，动作缓慢，好像装甲车。因为它们有了身上的“盔甲”，所以即使是最凶残的肉食性恐龙也会对它们避而远之。

力大无穷的“大棒槌”

甲龙科的恐龙尾部末端几乎都长着一个重约30千克的“大棒槌”。盆骨强健的肌肉使它们能够用“大棒槌”给敌人致命一击。

发生了什么？

原本一切都好好的，突然，地球上将近2/3的植物和动物物种消失了。翼龙不见了，大型海洋爬行动物、菊石和大部分的浮游生物*也不见了，还有，恐龙也灭绝了！到底发生了什么？

古生物学家们根据地层中的沉积物*和岩石中的残留物对这些现象提出了几种推测。

是因为气候变化吗？

古生物学家们对沉积物进行研究后发现，白垩纪末期，海平面快速下降，气候很可能因此变得紊乱：夏天非常热，冬天非常冷，因为无法适应这种变化，恐龙在几百万年间慢慢灭亡了。也有人说，恐龙是突然灭绝的。

是因为火山爆发吗？

从已经发现的遗迹来看，在恐龙灭绝时期的前后，发生过两次大灾难。在印度中部，留下了巨大的火山熔岩层，深度超过24米，面积超过50万平方千米。这证明地球上曾经发生过规模巨大的火山喷发，形成了巨大的火山灰云层，使得大气*中充满了有毒气体。

是因为陨石撞击吗？

地质学家们还在墨西哥发现了一个火山口，看上去像是一颗巨大的陨石撞击地面后留下的痕迹。陨石的撞击引发了海啸、火灾等灾害，并且在地球表面掀起了一层厚厚的灰尘。

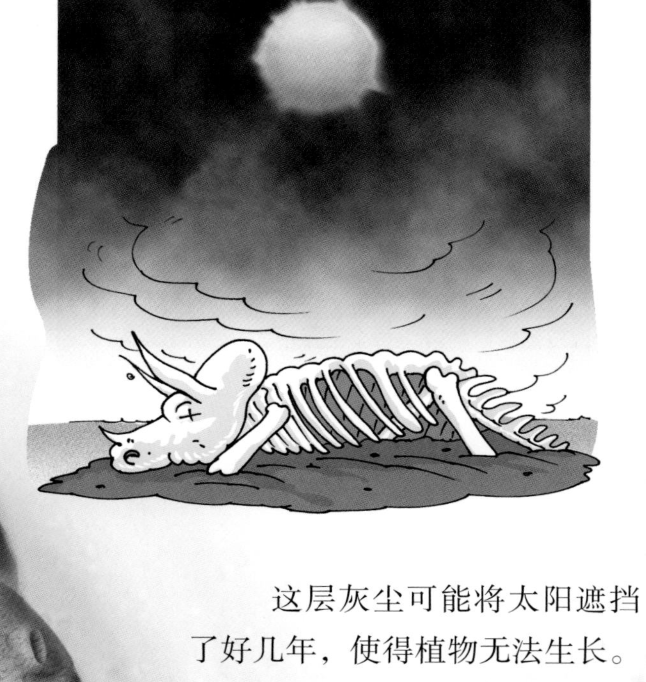

这层灰尘可能将太阳遮挡了好几年，使得植物无法生长。没有了植物，食草性动物便失去了食物来源，肉食性动物也没有了猎物——大部分动物因饥饿而死亡。

幸存者

发生在白垩纪的那次灾难十分可怕，堪称“世界末日”。但是，并不是所有的动物都灭绝了。那么，幸存的生物是怎么活下来的呢？

羽齿兽

幸运的小动物

灾难过后，植物长得很差，意味着草食性动物的食物变得稀少，它们会因此而挨饿，最受影响的就是大型动物。事实上，除了恐龙，灭绝的其他动物物种也都是大型动物。相反，一些个头比较小的动物因为只需要吃一些残存的食物而得以活命。

普尔加托里猴

不挑食的动物

在大灾难发生之后能够存活下来的动物，还有另外一大优势——一点儿都不挑食！当时，鳄鱼和乌龟差点儿灭绝，但是它们靠吃一些动物的尸骨，或通过慢慢消耗自身储藏的脂肪而得以活命。还有些幸存者迫不得已开始吃植物的种子、根或腐烂的残渣。总之，它们以灾难发生之后残留的食物为食，直到地球的状况好转。

皮毛，羽毛

大灾难之后的幸存者中有哺乳动物，还有一些小小的长着羽毛的鸟。毫无疑问，哺乳动物的皮毛和鸟类的羽毛帮助它们度过了寒冷漫长的冬季。而就是这漫长的冬季带走了地球昔日的“霸主”——恐龙。后来，危机过去了，哺乳动物和鸟类迅速繁殖，种类越来越多。它们可以自由自在地生存了。

恐龙“飞”起来了！

恐龙真的都灭绝了吗？在深山老林，或者某个偏远的岛屿上会不会还幸存着几只恐龙呢？答案是……没有！不过，在公园里，或者在你家的阳台上可以找到恐龙的踪迹——对，鸟儿就是恐龙！准确地说，它们是由恐龙进化来的。

古生物学家们对比了属于猛禽的肉食性小恐龙和现代鸟类的骨骼，发现两者之间有许多相似之处：长而轻的骨骼，数量相同的脚趾，第一个脚趾都向后弯曲，类似的喙部和胸骨等。

始祖鸟

始祖鸟

人们在德国发现过一块始祖鸟化石。这块化石保存得很完整，还能看到骸骨尾部和翅膀上的羽毛。而且，这只始祖鸟与小型肉食性恐龙的外形非常像。因此，恐龙与鸟类之间的联系就显得更可信了。

羽毛的作用

羽毛是用来飞翔的吗？也许吧。但是，最初长羽毛的恐龙并不会飞。它们身体表面只是长着一层稀疏的绒毛，这能帮助它们保持体温。后来，恐龙才慢慢开始学会飞翔，最开始可能只是从一根树枝跳到另一根树枝上。

尾羽龙

另一个证据

有些鸟类的身上还保留着它们先祖的遗传基因*。比如：生活在南美洲的麝雉刚出生时翅膀上还长着爪子！

化石

一只恐龙在水边死去。

恐龙在6500万年前就完全消失了。没有人见过活的恐龙。那么，人们是怎样了解恐龙的呢？

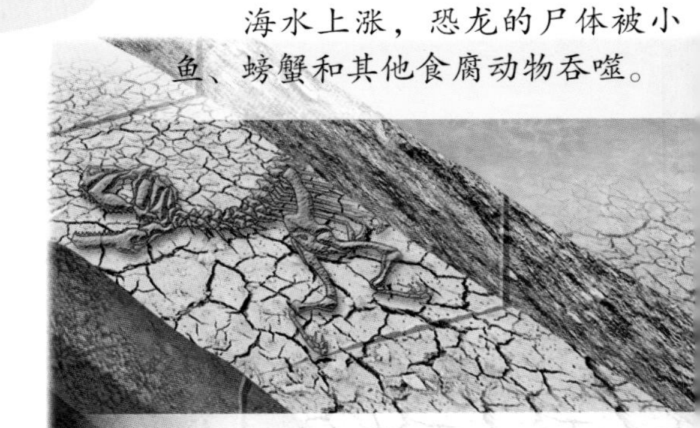
海水上涨，恐龙的尸体被小鱼、螃蟹和其他食腐动物吞噬。

细菌进行最后的清理工作，并留下骨骼中最坚硬的部分。

答案是化石！知道了化石的位置，我们就能找到保存在地下的、年代非常久远的动物遗体。那些残留的遗迹、未孵化的恐龙蛋以及植物，能帮助古生物学家了解恐龙当时的生活环境和方式。

化石是非常稀少的，因为生物体一旦死亡，会迅速消失——食腐动物*会将它吞噬，细菌和真菌会将它消化。不过，如果一个生物体死亡之后，被立即掩埋在土壤中，在条件合适的情况下，就会慢慢地变成石头。而且，坚硬的部分比柔软的部分（比如皮肤、内脏）更容易变成化石。这就是为什么人们找到的化石主要是骨骼、牙齿和甲壳的原因了。

泥沙掩埋了剩余部分，恐龙的骨骼因此受到保护，变得坚固，最后变成化石。

几千万年以后，一个古生物学家发现了这只变成化石的恐龙。

是化石还是首饰？

你有没有摸过树脂？是不是黏黏的？有时，一些小虫子停在树干上的时候被突然落下的树脂包裹住，然后就这样被封存几百万年。这种坚硬的树脂叫“琥珀”，被珠宝商们用来制成戒指或者项链。所以，它是化石也是首饰！

留下来的足迹

如果我们在泥巴地里走路，会留下一串脚印。如果泥土迅速变干，并被一层沉积物覆盖起来，这些脚印就会变成化石。这种脚印痕迹能够帮我们还原许多事实：这种动物的行走速度有多快？是不是群居动物？幼崽是不是和父母一起生活？

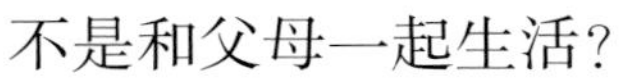

植物的化石

植物有时候也能变成化石。上面这块就是一株蕨类植物的化石。

粪 化 石

粪化石就是——大便的化石！这种化石能帮助我们了解史前动物喜欢吃什么。

恐龙的研究者

要找到恐龙的遗体，可不能随便找个地方就开始挖坑哟！古生物学家们需要仔细观察恐龙生活时期的岩石和土壤。首先，他们要观察岩石或土壤的表面，看看是否有印记或者残留的化石。如果这个地方有可能存在化石，那么就可以在此开挖——可以用十字镐，甚至可以动用挖掘机。

找到化石以后的工作就更艰难了。尽管恐龙个头很大，但它们的化石却很容易破碎。因此，要用小刀、刷子、镊子……甚至牙医的工具才能将化石清理出来。

不过，他们通常不能在化石挖掘现场完成所有的工作。他们会把化石连同周围的岩石切下来，用浸了石膏水的麻布将岩石包好——就像捆绑骨折的胳膊一样，然后带到实验室，进行最后的修复。

拼合工作

清理工作结束之后，要把每根骨头都放到树脂中浸泡，从而进行加固，而且要对每块骨头进行测量、拍照。接下来，就要开始拼合骨头了。有时，人们找到的是一副比较完整的骨架，还保持着动物死亡时的姿势；有时骸骨却是乱糟糟的，很难确定这堆骨头是不是完整的。

给恐龙取名

在参观化石馆时，我们会发现恐龙化石骨架上挂着写有它们名字的标签，那是古生物学家在发现了一个新恐龙物种后给它取的名字。通常，他们会取一个能代表这类恐龙特征的名字，或者取一个包含这类恐龙发现地点的名称。比如：三角龙的意思是“有三只角的恐龙”，大鸭龙的意思是“巨大的鸭子”，阿根廷龙的意思则是“在阿根廷发现的恐龙”。

化石周围的环境

根据恐龙生活年代的地层中的植物及花粉的残留物，还有其他动物化石，我们可以还原当时的环境，对恐龙的生活环境有更多的了解。

恐龙无处不在

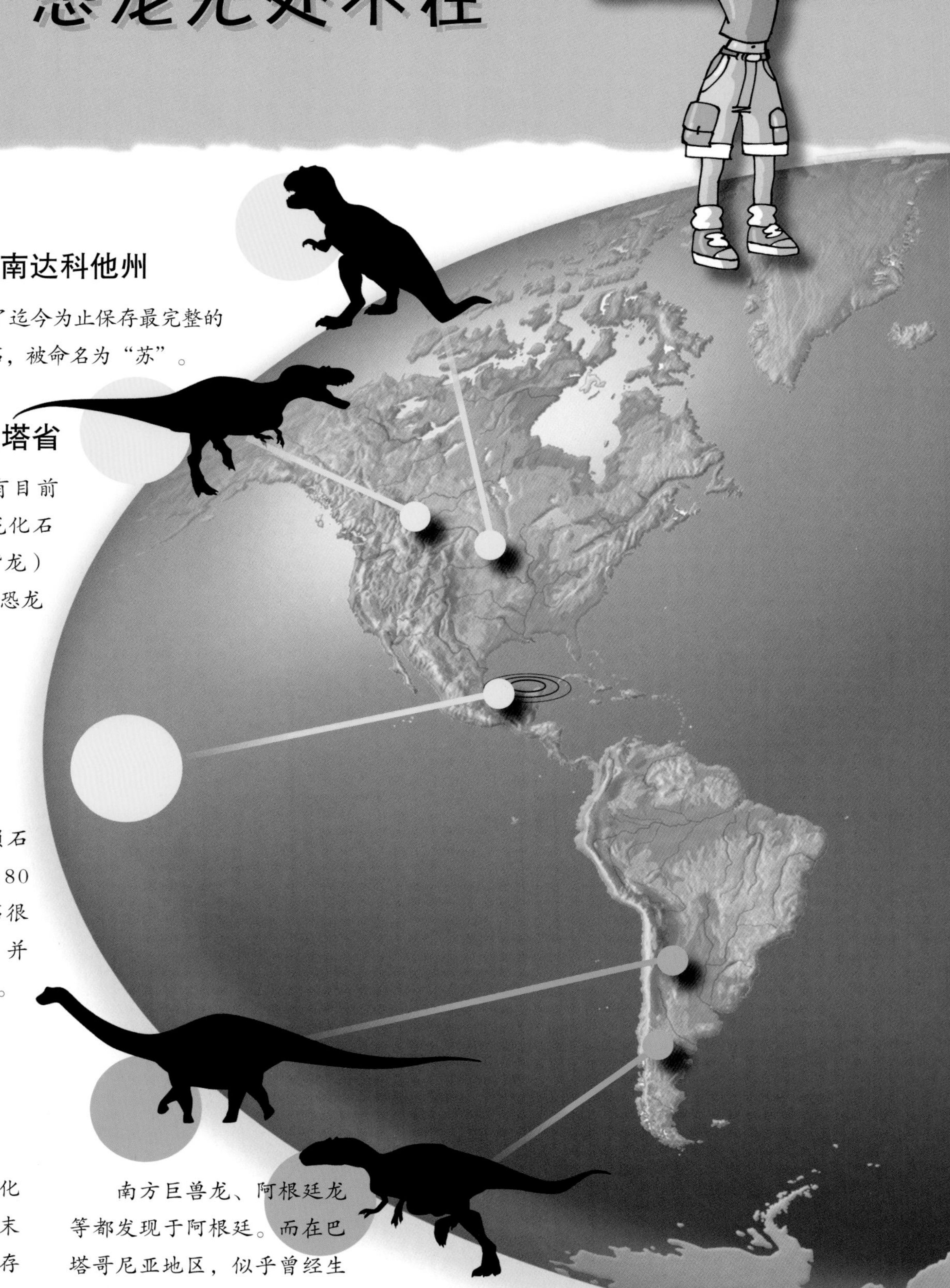

北美洲

美国　南达科他州

在这里发现了迄今为止保存最完整的雷克斯暴龙的化石，被命名为“苏”。

加拿大　艾伯塔省

这个地方拥有目前已知的世界上恐龙化石（艾伯塔龙、鸭嘴龙）最多样的地层，是恐龙的繁衍栖息地。

美洲中部

墨西哥

希克苏鲁伯陨石坑的直径大约为180千米，这说明陨石很有可能在此坠落，并导致了恐龙的灭绝。

南美洲

阿根廷

萨尔塔龙的化石表明：在白垩纪末期，南美洲依然生存着大型蜥脚类恐龙。

南方巨兽龙、阿根廷龙等都发现于阿根廷。而在巴塔哥尼亚地区，似乎曾经生活过一大群大型恐龙。

欧 洲

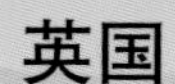

英国

巨齿龙是第一种通过一块下颌骨进行科学描述的恐龙，时间是1824年。

比利时

1878年，人们在比利时的一个煤矿中发现了一个有20多副完整禽龙骨架的化石群。

德国

在这里发现了7只始祖鸟的骨骼化石。

法国

这里的地层中有丰富多样的恐龙蛋化石。

亚 洲

蒙古国

在这里发现过原角龙、绘龙、伶盗龙和窃蛋龙的化石，甚至发现了原角龙的窝。

中国

中国是许多长羽毛的恐龙的家乡，如中华龙鸟、小盗龙、尾羽龙等。

非 洲

坦桑尼亚

在这里发现了侏罗纪时期的大型恐龙，如腕龙、钉状龙、叉龙等。

撒哈拉地区

发现了白垩纪时期的恐龙：蜥脚类恐龙、豪勇龙和棘龙等。

南非

发现了莱索托龙，是一种古老的鸟臀目恐龙。

恐龙既是神话，又是传奇！

直到1842年，英国古生物学家理查德·欧文才创建了恐龙（dinosaures）这个词。这个词源于希腊语，是“deinos”（意思是“可怕的”）和“sauros”（意思是“蜥蜴”）二词的组合，表示一种体形巨大的动物。恐龙是现代爬行动物的远亲，后来却完全消失了。然而，人们总是能发现许多形状令人惊讶的恐龙化石——可能人们创造的传奇故事的很多灵感就是源于恐龙吧！

中国龙

很长一段时间以来，中国人一直以为恐龙的骨骼属于一种长着巨大的爪子和角且身披鳞片的动物，并认为这种动物能给人带来财富和幸福。

英国的“巨人”

1676年，一个英国人在牛津城附近发现了一块巨大的骨骼。他把这块骨骼画了下来，并在他出版的书中提出猜想：这块“小腿骨”是一个巨人身上的。后来人们才知道，原来那是巨齿龙的股骨。

一种怪兽

这种神奇的狮身鹰头的“怪兽”主要出现在伊朗、埃及和希腊的神话故事*中。有些历史学家认为它的原型是原角龙。特别是它钩状的喙部，为古代童话作家创作童话故事提供了很多灵感。

假的！

史前的人类从没有捕猎过恐龙。在一些小说和电影中，人们往往能看到人类和这些“可怕的蜥蜴”搏斗的场景——这是完全不可能的！因为人类出现时，所有恐龙早已经灭绝了。

让恐龙“重生”！

人们曾经设想过，从几千万年前的化石中提取DNA，从而让恐龙获得重生。但恐龙已经灭绝了6500万年，所有的生命物质都已经被破坏，再也不可能找到恐龙的DNA，更不可能孵化恐龙蛋了！

名词解释及索引表

（按拼音首字母排序）

B

哺乳类爬行动物：一种爬行动物，具有哺乳动物的特点（比如头颅和牙齿）。大部分哺乳类爬行动物在三叠纪时期灭绝了，只有一门得以延续，并演化为后来的哺乳动物。（第6页）

C

超音速：声音在15℃的空气中的速度是每秒340米，大约是每小时1224千米。超音速是指速度比每秒340米高的状态，每秒的速度小于340米的称作亚音速。（第22页）

沉积物：漂浮在水面上的一层物质的沉淀。沉积物往往是由被轧碎的岩石灰尘和在大海、湖泊、沼泽地中进行分解的有机物混合而成的。（第40页）

D

大气：笼罩在某些行星外部的一层气体。地球上的大气，也就是我们呼吸的气体。（第41页）

地质学家：研究地球的构成、历史及其组成元素的人。（第8页）

F

泛大陆：也称“盘古大陆”，是一块设想存在于地质时期的单一超级大陆。一般认为泛大陆中各大陆的汇聚、联合到分裂，主要发生在二叠纪到三叠纪期间。（第10页）

浮游生物：一种漂浮在水面上，随着水流而漂移的有机体的总称。人们发现的浮游生物主要是一些微水草和一些非常小的动物。（第40页）

G

古生物学家：研究地质历史时期生物的形态、构造、分类、分布、演化等科学规律的人，研究对象是保存在地层中的化石。（第19页）

H

花粉：种子植物雌蕊花粉囊内的粉粒，多为黄色，也有青色或黑色的。每个粉粒中都有一个生殖细胞。（第15页）

J

基因：一种特殊的分子——DNA的片段，任何器官的组成成分都通过它进行排序而产生。遗传信息从一代传递到下一代便是基因的作用。（第45页）

脊椎动物：身体上有一条从头颅下方延伸到尾部、由骨头组成、被称为“椎骨”的动物。（第3页）

菊石：一种已经灭绝的海洋生物，在中生代十分繁盛，白垩纪末期灭绝。（第11页）

L

两足动物：用双腿行走的动物。（第10页）

M

木贼：一种生活在沼泽地中的原始植物，外形与凤尾草相似，俗称“鼠尾草”。这种物种现在依然存在。（第10页）

S

三叶虫：一种海洋远古动物，身体纵分为三部分，呈叶子状，是现代甲壳类的远古祖先。（第2页）

神话故事：具有传奇色彩的故事的统称。它通过一些虚构的人物身上所发生的故事来阐述某些观点，通过一些图画和标志物来解释大自然的现象。（第53页）

食腐动物：这种动物的主要食物是因为突然事件死亡或者被其他动物杀死的动物的尸体。（第46页）

四足动物：一种用四肢着地行走的动物。（第36页）

T

铁树：一种出现于有花植物之前的小灌木，树干较短，顶端的叶子形状与棕榈树叶形状相似，呈伞状。（第10页）

X

细菌：一种单细胞微生物，没有细胞核，通过快速分裂进行繁殖。（第2页）

R

肉食性动物：一种以捕捉动物或鱼类为食的动物。（第4页）

Y

银杏：一种古老的、至今依然存活的树种。（第10页）

鹰：一种肉食性鸟类，主要特征是钩状的喙和收缩自如的爪子。（第24页）

Z

针叶树：一种四季常青的树，果实和杉树、松树的果实相似，呈圆锥形。（第12页）

ZZZ